AF509600

EXPOSÉ

DE

LA MÉTHODE TABAREAU

ET

UTILITÉ DE SON ADOPTION

DANS

LES CLASSES ÉLÉMENTAIRES DES ÉCOLES SECONDAIRES.

EXPOSE

MÉTHODE TABAREAU

fondée à l'Ecole

LA MARTINIERE

POUR

L'ENSEIGNEMENT PRÉPARATOIRE DES MATHÉMATIQUES

et utilité de son adoption dans les classes élémentaires
de l'enseignement secondaire,

Par H^y TABAREAU,

auteur de la Méthode,

ancien officier du Génie, ancien directeur de l'École provisoire la MARTINIÈRE
doyen honoraire de la Faculté des sciences de Lyon,
membre de l'Académie des Sciences, Belles-Lettres et Arts de Lyon, etc., etc.

LYON

IMPRIMERIE DE LOUIS PERRIN

rue d'Amboise, 6

—

1863.

EXPOSÉ

DE LA MÉTHODE TABAREAU

ET

UTILITÉ DE SON ADOPTION

DANS

LES CLASSES ÉLÉMENTAIRES DES ÉCOLES SECONDAIRES.

CHAPITRE PREMIER.

Considérations générales sur les réformes d'enseignement.

Les hommes de science et d'industrie, frappés des progrès matériels dont les sociétés modernes sont redevables aux applications des sciences, signalaient depuis longtemps le développement de l'enseignement scientifique comme une nécessité de notre époque.

Leur voix a été écoutée, et l'Université, émue et entraînée par le courant irrésistible de l'opinion, s'est vue dans la nécessité de modifier profondément le système presque exclusivement littéraire de notre ancienne éducation publique ; système qui était cependant, à une époque peu éloignée, l'une des gloires les moins contestées de la France, et qui avait imprimé à nos mœurs, par la culture assidue des lettres, l'urbanité et tous les sentiments élevés de l'âme et du cœur qui forment le fond de notre caractère national.

La réforme universitaire devait se ressentir de la précipitation imposée par l'impatience du pays, et ne fallait-il pas, d'ailleurs, mettre immédiatement la main à l'œuvre, et tenter quelques essais dans une voie nouvelle, que n'éclairait aucune expérience du passé, et qui n'attendait sa sanction ou son abandon que de la seule épreuve qui en serait faite.

Dans la croyance, admise alors généralement, que l'ancien programme des lettres et l'extension donnée à celui des sciences ne pouvaient être réunis sans dépasser le temps consacré aux études scolaires, la pensée la plus naturelle qui se présentait était d'offrir aux pères de famille l'option entre un enseignement exclusivement littéraire et un système d'instruction mixte, avec un programme littéraire restreint, et un enseignement scientifique complet préparant aux professions savantes.

Tel est le principe de la réforme d'enseignement soumise encore aujourd'hui à l'épreuve de l'expérience.

Nous avons compris les regrets, et jusqu'à l'amertume des plaintes, de ceux qui ont déploré de voir une partie de la jeunesse, se destinant aux écoles savantes de l'Etat, ou aspirant aux positions élevées de l'industrie, condamnée à ne plus recevoir, dans toute son étendue, l'enseignement littéraire qui contribue si puissamment au développement moral de l'homme. Mais nous étions également frappés des motifs qu'on invoquait à l'appui de la réforme. On disait avec conviction et vérité : il faut des ingénieurs, pour construire nos places fortes, nos ports, nos arsenaux, nos vaisseaux, nos canaux, nos routes, nos ponts, nos chemins de fer, nos cités ; il faut des chefs de manufacture, des chimistes, des mécaniciens, pour faire progresser notre industrie, qui périrait si elle restait stationnaire ; il faut des marins, pour transporter les produits de notre sol et nos créations manufacturières, dans tous les marchés ouverts à la lutte commerciale entre les nations ; il faut des officiers instruits dans les sciences militaires, pour défendre notre pays, et continuer notre renommée dans les guerres de protection des peuples. On ajoutait enfin : que si toutes ces nécessités n'étaient pas satisfaites, la déchéance de notre richesse publique et de notre puissance nationale serait la suite inévitable de notre incurie, ou de notre faiblesse à ne pas savoir nous résigner à un sacrifice devenu nécessaire.

Nous avons dit que le principe de la division des études n'avait prévalu que par suite de l'opinion qu'on avait conçue de ne pouvoir comprendre, dans le temps limité des enseignements scolaires, les programmes complets des lettres et des sciences, et il m'a semblé que toute proposition, faite pour en donner le moyen, devrait être prise en sérieuse considération, soit pour la soumettre immédiatement à l'épreuve, soit pour y puiser quelque idée nouvelle qui pût conduire à la solution si désirable du rétablissement de l'unité d'éducation intellectuelle entre des élèves, dont les professions pourront être un jour différentes, mais qui, appartenant à la même hiérarchie sociale, sont destinés à marcher ensemble dans les voies progressives de la civilisation.

Ce sont ces considérations qui me déterminent à publier la méthode d'enseignement préparatoire des mathématiques, que j'ai fondée à l'Ecole la Martinière, et développée plus tard sous les auspices de la commission administrative qui dirige cette institution avec autant d'intelligence que de dévouement au bien public.

L'expérience, faite dans cette école sur de nombreuses promotions d'élèves, a mis hors de doute un fait d'une haute importance dans l'enseignement ; c'est : qu'il est possible, par la méthode qu'on y suit, de familiariser de jeunes élèves de douze à treize ans avec les calculs les plus compliqués de l'arithmétique, de l'algèbre, de la trigonométrie, et de leur donner une telle habileté pratique, que les ingénieurs des Ponts et Chaussées du département, qui veulent bien chaque année examiner nos élèves dans les concours de prix, ne cessent de nous répéter qu'il leur serait impossible de lutter, sous le rapport de la célérité des calculs, avec la plupart d'entre eux. Quoique l'enseignement de l'école soit presque exclusivement pratique, on a pu néanmoins constater, par le succès obtenu dans quelques branches théoriques des programmes, combien l'habitude du langage mathématique, la sûreté de mémoire des règles et théorèmes, et l'habileté de calcul facilitent les études théoriques. On conçoit, en effet, même avant le développement que je donnerai bientôt à cette pensée, que des élèves, qui auront surmonté, dans leur première année, toutes les difficultés de calcul et de construction graphique qui accompagnent les démonstrations, pourront ensuite facilement, et sans aucune distraction, concentrer toute leur attention sur les raisonnements et les liaisons d'idées qui constituent la seule partie vraiment théorique des mathématiques, et qu'il deviendra possible de leur faire acquérir, en très peu de temps, dans les dernières années d'étude, une solide et complète instruction.

Etonné moi-même des succès et de l'importance des résultats obtenus par ma méthode, je n'ai pas tardé d'y entrevoir la seule solution possible du difficile problème de la réunion des divers ordres de baccalauréat en un seul, qui serait aussi littéraire que celui des lettres et aussi scientifique que l'est actuellement celui des sciences.

Je m'empresse d'ajouter, pour ne pas être accusé de trop de vanité, après cet aveu naïf de l'importance de mon œuvre, que, s'il arrive un jour que le modeste instituteur d'une école populaire ait pu mettre sur la voie de la solution d'un difficile problème d'enseignement, vainement cherchée par des hommes d'un esprit supérieur, c'est que ces hommes n'avaient pas passé comme moi une partie de leur vie avec des milliers d'enfants, s'étant donné auprès d'eux charge d'instruction, comme un apôtre se serait donné charge d'âmes ; c'est qu'ils n'avaient pas été aidés, dans des essais coûteux d'enseignement, par les grandes ressources de la fondation Martin, dont les administrateurs ont eu la haute intelligence de consacrer les premiers revenus à l'épreuve de toutes les méthodes qui leur paraissaient utiles. Je le dis avec sincérité : tout homme de science, quel qu'il fût, aurait fait à ma place tout ce qu'il m'a été donné de réaliser à la Martinière.

Après cette excuse du point de vue favorable, sous lequel je présenterai moi-même ma propre méthode, je reviens à la solution qu'elle me paraît offrir d'une réforme d'enseignement plus heureuse que celle qu'on essaie en ce moment.

Il faut, pour concevoir la possibilité de réunir dans les mêmes épreuves les deux baccalauréats des lettres et des sciences, admettre avec tous ceux qui connaissent les méthodes de la Martinière, qu'elles abrégeront considérablement le temps consacré aujourd'hui aux études mathématiques, et que des élèves, qui auraient acquis, dans les classes élémentaires qui précèdent celle de troisième, l'habileté pratique des élèves de la Martinière, et qui auraient, par conséquent, surmonté toutes les difficultés de calcul et gravé dans leur mémoire le souvenir des définitions et principes, des règles théorèmes et formules, pourront ensuite, en continuant tous l'étude complète des lettres, trouver, à partir de la classe de troisième, le peu de temps qu'il sera nécessaire de consacrer dans ce système à la partie purement théorique des cours de mathématiques.

Si l'on compare ce nouveau plan d'études avec celui qui existait avant la bifurcation, on n'y trouvera d'autre changement que celui de reporter aux premières années une partie du travail mathématique qui surchargeait, outre mesure, les classes avancées des écoles, en s'opposant à toute extension de programme. Dans le nouveau système, toute la partie pratique des mathématiques, qui n'exige que de la mémoire et de la vivacité d'action, est confiée aux premières années du séjour dans les écoles, tandis que la partie purement théorique reste seule réservée pour l'âge plus avancé de la réflexion, et comme, dans cette répartition plus rationnelle des études mathématiques, le temps à consacrer à leur ensemble sera considérablement abrégé, il restera tout le temps nécessaire pour satisfaire aux besoins du développement des programmes scientifiques.

Si l'on m'opposait, à priori, l'impossibilité de trouver dans de jeunes enfants assez d'attention et de développement d'intelligence pour comprendre, sans démonstrations, la signification exacte des nombreuses règles des calculs mathématiques et le sens nettement défini des vérités géométriques, réunies et réduites en un simple cours d'énoncés de théorèmes et de propositions, je répondrais par le fait expérimental de la Martinière, dont les portes sont assez libéralement ouvertes pour dissiper tous les doutes.

Peut-être aussi suffira-t-il de l'exposition que je vais faire des principes de la méthode mathématique, employée dans cette école, pour faire pressentir la vérité des résultats que je signale.

CHAPITRE II.

Méthode-Tabareau. — Première Partie.

Exercices simultanés de calcul sur planchette et sur ardoise, par le mode des séries et des vérifications immédiates.

Il fallait, pour créer dans les écoles des classes d'exercices simultanés de calcul, résoudre les difficultés suivantes : 1° distribuer aux élèves des tableaux condensant en quelques lignes de nombreuses données de calcul ; 2° isoler le travail individuel de chaque élève, pour éviter les copies des résultats entre des élèves voisins ; 3° imaginer un mode de dictée très-concis, pour perdre le moins de temps possible dans les dictées des exercices successifs ; 4° vérifier, immédiatement après chaque exercice, le travail de tous, avant de passer à d'autres calculs.

La Méthode-Tabareau satisfait très-simplement à toutes ces conditions par les moyens suivants :

Condensation des données en quelques lignes.

La condensation des données des exercices en quelques lignes d'un tableau a été obtenue : par le principe des notations littérales, indicatives des opérations à effectuer, par celui si élémentaire du remplacement des lettres par des nombres ou par d'autres expressions algébriques, et par l'application, aux valeurs de substitution, du principe connu en algèbre sous le nom de principe des arrangements d'un certain nombre de lettres, deux à deux, trois à trois, etc.

Soit, par exemple, l'expression $\dfrac{a+b}{c+d} - ae$, considérée comme une notation littérale indicative d'opérations à effectuer, et soient quinze valeurs numériques entières ou fractionnaires à substituer aux lettres. Ces quinze valeurs de substitution, prises cinq à cinq puisqu'il y a cinq lettres différentes dans l'expression littérale, donneraient lieu, d'après la formule connue des arrangements, à plus de trois cent mille (1) expressions numériques à calculer, conduisant toutes à des résultats différents.

Soient encore les deux équations simultanées $A+B=C$, $A - D = C + D$, et 15 fonctions du premier degré en x et y à substituer aux lettres A, B, C, D, on voit ici que la formule des arrangements 4 à 4, de 15 valeurs algébriques de substitution conduira à la résolution d'un très-grand nombre de systèmes d'équations du premier degré entre les inconnues x et y.

Isolement du travail individuel.

L'isolement du travail individuel de chaque élève, dans des exercices communs à toute une classe, a été réalisé par le partage des élèves en trois séries, auxquelles on dicte des exercices dont les données sont différentes.

Si l'on suppose des tables de travail disposées parallèlement, et les élèves de chaque rang de tables numérotés 1, 2, 3, 4, 5, etc., de droite à gauche, la première série com-

---

(1) Ce nombre, quoique considérablement réduit par le mode de dictée des exercices, reste néanmoins très-grand.

prend les numéros 1, 4, 7, 10, 13, etc., la deuxième série les numéros 2, 5, 8, 11, 14, etc., et la troisième les numéros 3, 6, 9, 12, 15, etc. Il est facile de reconnaître, par cette composition des séries, que les élèves de même série les plus voisins sont séparés par deux élèves appartenant à d'autres séries, et ayant à faire des exercices différents.

Concision des dictées.

Le principe de la concision des dictées sera facilement saisi et généralisé, après l'application que je vais en faire au cas particulier suivant :

Soit une première colonne de tableau, contenant, sous les numéros l_1, l_2, etc., des expressions ou notations littérales d'opérations, et soit une deuxième colonne, indiquant, sous les numéros v_1, v_2, etc., les valeurs de substitution, parmi lesquelles devront être prises celles des lettres a, b, c, d, etc. de l'expression littérale : une dictée, commençant par l_4, $a = v_6$, indiquerait que l'expression littérale dictée est celle qui porte le numéro 4, et que la valeur de substitution de la première lettre a est celle qui porte le numéro 6. Les valeurs de substitution des autres lettres b, c, d, e, etc., se dictent ensuite au moyen d'un nombre dit *ordinal*, contenant autant de chiffres qu'il y a de lettres, y compris la première, et commençant toujours par le chiffre 1, qui est censé correspondre au rang qu'occupe la première lettre a dans la colonne des valeurs à substituer. Si le nombre ordinal dicté est, par exemple, 15239, les chiffres 5, 2, 3, 9 de droite, indiquent que les valeurs des lettres b, c, d, e, occupent respectivement le 5me, 2me, 3me et 9me

rang, à la suite et à partir du rang v_6, dicté pour a. On trouverait ainsi : $b = v_{10}$, $c = v_7$, $d = v_8$, $c = v_{14}$ (1).

Si les valeurs qui correspondent à v_6, et aux autres numéros sont $\dfrac{3}{4}$, $\dfrac{2}{7}$, $\dfrac{4}{5}$, 7, $\dfrac{2}{3}$, et si l'on suppose que l'expression $\dfrac{a + b}{c + d} - ae$ porte le numéro l_4, la dictée l_4, $a = v_6$, $o = 15239$ conduirait, après la substitution, au calcul de l'expression numérique.

$$\frac{\dfrac{3}{4} + \dfrac{2}{7}}{\dfrac{4}{5} + 7} - \frac{3}{4} \times \frac{2}{3} \quad (2)$$

C'est surtout comme moyen de différencier les dictées à faire aux trois séries que ce mode est avantageux, car il suffirait de changer le numéro d'un seul des trois éléments l, a, o, d'une dictée, pour obtenir autant d'expressions numériques différentes qu'on voudrait.

(1) S'il n'y a pas, à la suite du rang dicté pour la première lettre, tous les rangs indiqués par un chiffre ordinal, on complète les rangs qui manquent en revenant au premier numéro des valeurs. Il peut arriver même qu'on soit obligé d'y revenir plusieurs fois, dans le cas d'un petit nombre de valeurs de substitution.

(2) Cette expression conduit à un résultat négatif. C'est pour ne pas fatiguer l'attention du professeur, dans le choix des données des valeurs de substitution, qu'on emprunte à l'algèbre, dès le début de l'arithmétique, les règles des signes dans l'addition et la soustraction, règles qui, quoique difficiles à démontrer, sont faciles à mettre en pratique.

On a cependant évité, en arithmétique, les règles des signes dans la multiplication et la division, par le choix qu'on a fait des expressions littérales indicatives des opérations.

L'idée des notations littérales indicatives des opérations, et du nombre ordinal des substitutions ne s'est présentée que tardivement à l'auteur de la méthode. Les premiers tableaux d'exercices de la Martinière ne se prêtaient à la variété des données et à la différenciation des dictées, qu'en multipliant leur nombre qui s'élevait à plusieurs mille dans chaque classe. Les soins de leur distribution et de leur conservation étaient si embarrassants et si coûteux que j'avais renoncé à publier une méthode qui ne me paraissait praticable qu'à l'aide des ressources d'une institution richement dotée. Ces premiers tableaux présentaient, en outre, l'inconvénient de rendre facile un numérotage de résultats, correspondant au numérotage des données des calculs et qui, une fois fait, fournissait les réponses à faire dans chaque reprise d'un même exercice. On n'avait pu y remédier qu'en supportant les frais coûteux qu'exigeait le changement des données sur les tableaux.

L'emploi du nombre ordinal a fait disparaître tous ces inconvénients : en réduisant considérablement le nombre des tableaux, en variant presque à l'infini les données relatives à un même exercice et en ôtant aux élèves toute possibilité de réunir les résultats dans des notes faciles à dissimuler.

Je supprime, dans cet exposé des principes, les détails trop minutieux de quelques modes de dictée applicables à certains exercices, et j'ajoute seulement que, lorsque des questions d'application comportent plusieurs sortes de données, comme les calculs d'intérêts simples ou composés, les annuités et autres exercices, il y a dans les tableaux autant de colonnes de valeurs de substitution que de données de nature différente.

Soit, par exemple, la question de trigonométrie « étant donnés dans un triangle : deux côtés, $b = l + l'$, $c = l + l' + 40^m$, et l'angle compris $A = d + d' + 50°$, trouver le côté a opposé à l'angle A. » Le tableau relatif à cet exercice contient deux colonnes, l'une relative aux valeurs de l et l', l'autre à celles de d et d' : une dictée, telle que $l = v_3$, $d = v_5$, $o = 13$ suffirait pour compléter les données d'un triangle à résoudre ; car, l et d étant donnés, le nombre ordinal 13 apprend que l' et d' sont les 3me et 5me valeurs à la suite de celles de l et d. On voit encore qu'il suffirait de dicter aux trois séries des nombres ordinaux différents, tels que 13, 14, 11, pour que cette simple dictée pût comprendre trois triangles différents à résoudre. C'est par ce moyen, que quelques personnes ont trouvé ingénieux, que j'ai pu réunir, dans dix ou douze lignes d'un tableau, plus de cinq cents données de triangles à résoudre trigonométriquement.

Rapidité des vérifications.

Pour comprendre la rapidité avec laquelle se fait la vérification dans une classe d'exercices simultanés, il faut savoir que les élèves travaillent au crayon blanc sur des planchettes de $0^m\,41$ sur $0^m\,31$, noircies des deux côtés & terminées par une poignée à main, ou au crayon d'ardoise sur des ardoises dites de travail de $0^m\,26$ sur $0^m\,17$. Les chiffres ou lettres tracés sur l'ardoise, étant absolument invisibles aux distances qui séparent les élèves les plus voisins de même série, on voit que ce mode de travail rend les copies rigoureusement impossibles.

La vérification des planchettes se fait par un premier signal, donné par un coup de baguette frappé sur la table du professeur. A ce signal, les élèves effacent tous les calculs, en récrivant en gros chiffres ou en grosses lettres, les résultats numériques ou algébriques demandés. Immédiatement après, au signal de deux coups précipités, tous les élèves redressent verticalement les planchettes, la poignée contre la table et la face contenant les résultats tournée vers le professeur. On conçoit combien peut être rapide, en ce moment, l'inspection de toutes les planchettes, sur lesquelles les fautes apparaissent comme des taches blanches, et au milieu desquelles les planchettes restées noires indiquent la lenteur de travail de l'élève ou son ignorance des règles relatives à l'exercice. — L'intervalle entre les deux signaux d'écriture des résultats et du redressement des planchettes doit être très-court, pour ne pas laisser le temps de la copie des résultats que la grosseur des chiffres ou lettres pourrait rendre visibles, même aux distances qui séparent les élèves d'une même série.

La disposition des planchettes de même série sur les mêmes files de profondeur, et l'identité des résultats qu'elles doivent contenir font bientôt acquérir au professeur la rapidité de coup d'œil nécessaire à l'inspection des planchettes des classes les plus nombreuses. Après la vérification, et au signal donné par un quatrième coup de baguette, les élèves ramènent les planchettes horizontalement sur les tables, et le professeur signale et corrige tous ceux qui ont fait des fautes, pour passer à un nouvel exercice.

Cette vérification sur planchette, faite à vue et à distance, et nécessairement très-rapide, pour ne laisser qu'un instant les élèves dans la position gênante du redressement des planchettes, ne peut évidemment s'appliquer qu'à des réponses numériques ou algébriques très-simples. Tous les détails de calcul, qui apprendraient la marche suivie, doivent en être exclus, comme impossibles à distinguer dans la vue d'ensemble de toutes les planchettes d'une classe; en sorte que le professeur, qui reconnaît, par un résultat faux, qu'un élève s'est trompé, ne peut savoir si l'erreur provient de l'ignorance des règles, ou d'une faute de marche, ou d'une simple erreur de chiffre. C'est pour suppléer à cette insuffisance des planchettes que l'auteur de la méthode a imaginé un nouveau mode de vérification dit sur ardoise, qui permet de mettre sous les yeux du professeur les principaux détails du calcul, et lui laisse, sans suspendre le travail de la classe, tout le temps nécessaire à l'examen des réponses et à l'appréciation des causes d'erreur.

Ce second mode de vérification se fait, au moyen de la distribution aux élèves de deux autres ardoises plus petites, d'un décimètre carré environ, dites ardoises de réponse, et en distribuant, en outre, à chaque chef de table ou brigadier, deux petites boîtes de fer-blanc, pouvant contenir autant d'ardoises de réponse qu'il y a d'élèves à sa table. Au commandement *Ardoise!* les élèves transcrivent, sur une des ardoises de réponse, les résultats demandés. — Au commandement *Suspension!* ils les suspendent, au moyen d'un trou dont elles sont percées, à des crochets portés par des potences fixées aux tables. — Au commandement *Apport!* les brigadiers les réunissent dans une de leurs boîtes, et viennent en ordre les déposer dans les compartiments d'un casier horizontal, voisin de la table du professeur, et sur lequel chaque ardoise occupe le rang de l'élève dans la classe. C'est pour enlever les ardoises de l'exercice précédent que les brigadiers ont besoin d'une seconde boîte. Ils reviennent ensuite à leurs tables respectives, pour y distribuer de nouveau les ardoises rapportées, et faire eux-mêmes le nouvel exercice dicté à la classe pendant leur allée et leur retour. Une nouvelle dictée en est faite alors pour eux seuls, et leur travail, quoique commencé plus tard, finit en même temps que celui des autres, si l'on a choisi les brigadiers parmi les plus habiles. — C'est pendant la durée du nouvel exercice que le professeur vérifie avec soin les résultats de l'exercice précédent.

On rend les vérifications sur planchette et sur ardoise plus promptes et plus faciles, en prescrivant une marche uniforme dans les calculs, en interdisant dans le cours des opérations toute réduction dans les expressions, et en fixant le nombre des décimales auxquelles on doit arrêter les résultats, dans le cas des opérations sur les nombres décimaux.

CHAPITRE III.

Principaux avantages et examen philosophique de la méthode des exercices simultanés.

Après cet exposé de la méthode des exercices simultanés, il sera facile d'établir les avantages principaux qui en résultent, et de les résumer dans les conclusions suivantes : 1° acceptation du travail par tous ; 2° travail sans fatigue ; 3° développement de la faculté d'attention ; 4° émulation et rapidité du travail.

Acceptation du travail.

L'acceptation du travail par tous sera surtout comprise par ceux qui connaissent l'empire du commandement militaire sur les hommes. La régularité et l'ensemble des manœuvres militaires n'ont d'autre cause que l'instinct d'obéis-

sance au commandement bref et impérieux d'un chef, qui
ordonne et vérifie tous les mouvements. C'est dans ce
mode d'éducation de nos soldats que j'ai puisé la première
idée du commandement des exercices de classe et de leur
vérification immédiate. Trente années d'expérience ont
constaté les efforts de travail qu'on peut, par ce moyen,
conquérir sur la paresse ou la légèreté d'esprit des enfants.

Travail sans fatigue.

Les études sans fatigue des élèves de la Martinière sont un
fait d'expérience acquis dans cette école, où l'on peut voir
tous les jours les élèves passer d'une classe à l'autre, l'esprit
toujours actif et libre, même après plusieurs heures de calculs très-compliqués.

Il est facile d'en assigner la cause : la lassitude de l'écolier
provient plutôt de la lutte qu'il a à soutenir contre ses ins-
tincts de paresse, que du travail même qui lui est imposé,
et qui n'aurait rien de pénible s'il savait l'accepter résolu-
ment; c'est le travail à contre-cœur qui le fatigue. Il en est
tout autrement à la Martinière. L'élève travaille, non pas
parce qu'il se décide lui-même à le vouloir, mais parce
qu'une volonté étrangère le lui impose, comme une nécessité à laquelle il ne peut se soustraire. Cette nécessité im-
périeuse qui lui épargne tout effort de détermination, c'est
le commandement du maître, c'est la vérification immédiate de son travail par la levée des planchettes ou l'apport
des ardoises.

Développement de la faculté d'attention.

L'attention est la faculté qui se développe le plus lente-
ment, et qu'il n'est pas même donné à tout homme de possé-

der à un haut degré. Je ne parle pas ici de celle que nous accordons à nos propres pensées et aux actes qui nous sont personnels ; celle-ci est facile et commune, parce qu'elle dérive de l'intérêt que nous éprouvons pour tout ce qui tient à notre personnalité. Il n'en est plus de même de l'attention qu'il serait nécessaire d'accorder aux idées des autres, pour en apprécier avec sûreté la justesse ou la fausseté, et améliorer ainsi notre esprit et notre raison. L'imperfection de cette faculté explique les divergences d'opinions parmi les hommes ; c'est parce que nous n'avons pas appris à nous écouter les uns les autres, et parce que notre attention se fatigue à suivre les raisonnements et les expositions d'idées qui peuvent se trouver en opposition avec les nôtres, qu'il nous arrive si rarement de modifier nos opinions personnelles et notre manière de voir.

Si la pensée « *quot homines, tot sententiæ* » est vraie, et si la cause que je viens d'en assigner a également quelque vérité, on devra admettre qu'une méthode d'enseignement qui réunirait, à des leçons sur les préceptes des sciences, de véritables exercices ou leçons d'attention, présenterait de grands avantages.

Nous nous croyons fondé à attribuer ce caractère d'utilité à la méthode des exercices simultanés, adoptée à l'école la Martinière.

Chaque exercice est précédé d'une leçon sommaire, qui rappelle le souvenir des règles à appliquer, et expose les moyens à employer pour surmonter certaines difficultés de leur application. La parole du professeur est alors recueillie par tous avec la plus vive attention et presque avec avidité, car ils savent que, immédiatement après, tous seront appelés à jouer un rôle actif dans la leçon, en effec-

tuant un travail d'application, imposé par le commandement d'un exercice, pour lequel ils n'ont d'autre guide que
l'instruction qui vient de leur être donnée. Une telle attention, excitée à chaque instant dans une classe, doit nécessairement y faire naître les plus utiles habitudes de réflexion
et de concentration d'esprit.

Le développement de la faculté d'attention, qui résulte
de la nécessité d'écouter pour satisfaire à la nécessité de répondre immédiatement, a été la cause première des succès
de l'école la Martinière, et on ne peut douter que l'adoption
des mêmes méthodes dans les classes élémentaires de l'enseignement secondaire ne soit suivie de résultats aussi satis-
faisants.

Emulation et rapidité du travail.

Je termine l'examen philosophique de la partie de ma
Méthode relative à la simultanéité des exercices par la vivacité d'action, et, si je puis m'exprimer ainsi, par l'agilité intellectuelle dont ce mode d'enseignement doue tous les
élèves, quel que soit leur peu de vivacité naturelle, ou la
lenteur native de leur esprit.

Ce dernier avantage est dû à la brièveté du temps accordé
pour chaque exercice, et que le professeur diminue de plus
en plus, à mesure des progrès obtenus dans la mise en pratique des règles. Ce temps finit par se réduire à quelques
minutes, dans le cas même des calculs les plus compliqués.
Cette rapidité de calcul est si grande, que nous avons senti
le besoin de surveiller nos élèves, pour les empêcher de se
servir des tables de logarithmes, dans le cas des grandes

multiplications ou divisions, et dans celui de l'extraction des racines carrées et cubiques de plusieurs chiffres.

Il suffirait d'une simple visite à la Martinière, pour reconnaître la cause de cette extrême habileté pratique. Chaque séance de calculs simultanés est un véritable concours de célérité et d'habileté, et comme une lice ouverte à tous : c'est à qui prouvera le mieux, à la levée des planchettes, qu'il a fait vite et bien. L'excitation et l'émulation sont exaltées au plus haut degré, et rien n'offre plus d'intérêt que l'animation de nos classes, lorsque tous les élèves, attentifs à la parole du maître, dirigent vers lui leurs regards, que l'émotion du concours fait paraître si intelligents, pour se livrer ensuite à une ardeur de travail dont aucune école n'avait jusqu'alors fourni d'exemple. A cette courte période de silence, de recueillement et de travail, succède bientôt la manœuvre des planchettes de réponse qui, en frappant simultanément toutes les tables, font intervenir jusqu'au bruit, comme moyen de distraction et de réveil dans la classe.

Il y a dans le caractère français une telle sympathie pour les manœuvres d'ensemble, faites à l'imitation des manœuvres militaires, que tous, élèves et professeur, deviennent soldats et officier dans les salles de la Martinière.

CHAPITRE IV.

DEUXIÈME PARTIE DE LA MÉTHODE.

Exercices oraux sur la récitation des règles et principes, par le mode des interrogations dites continues et des réponses dites sur place.

La Martinière n'a pu échapper, dans les premiers temps de sa fondation, aux déceptions inséparables de toute ten-

tative faite dans une voie entièrement nouvelle. A côté du
succès du plus grand nombre, je remarquais la faiblesse relative des derniers élèves de chaque classe, et, malgré leur
grande habileté à effectuer certains calculs, je reconnaissais
avec peine qu'ils restaient tellement en arrière des autres,
dans les parties plus avancées de l'enseignement, qu'il avait
été nécessaire de créer pour eux des classes de retardataires
avec un programme réduit. La leçon que m'infligeait l'expérience n'a pas été perdue pour moi, et, devenu moins absolu dans l'exclusion de tout ce qui ne rentrait pas directement
dans le principe de simultanéité complète que j'avais adopté,
je me suis décidé à faire intervenir dans ma Méthode les réponses orales et individuelles des élèves, pour assurer le
premier apprentissage des règles.

Si j'avais su me soustraire, dès le premier jour, à l'entraî-
nement de mes premières conceptions, j'aurais reconnu
bien vite que le langage laconique et muet des chiffres et
des résultats algébriques composant les réponses sur planchette et sur ardoise, était insuffisant à traduire complètement toutes les pensées qui avaient guidé les élèves dans
leurs calculs, et j'aurais renoncé plutôt à l'illusion de la
manifestation simultanée de toutes les pensées d'une classe
nombreuse.

Ce n'est qu'à la suite d'exercices oraux et individuels qui,
seuls, peuvent faire reconnaître que tous les élèves ont acquis la perception nette d'une règle, que les planchettes et
les ardoises doivent intervenir, pour la graver profondément
dans la mémoire, par la fréquence d'application, qui lui
imprime la durée de souvenir qui n'appartient qu'à nos seules
habitudes.

Il fallait éviter la lenteur et l'ennui des récitations ordinaires des écoles, et apporter, surtout, dans ces nouveaux exercices, la rapidité et l'animation qui caractérisent les méthodes de la Martinière. C'est ce que j'ai essayé de faire par le mode des réponses dites *sur place* et celui des interrogations dites *continues*, que je vais décrire successivement.

On se fera une idée du mode de réponses, que j'ai nommées *sur place*, par les exemples suivants :

Soit, dans le cas de la récitation des règles sur les fractions, l'égalité à plusieurs membres :

$$a \; \frac{6}{7} \times \frac{9}{4} = b \; \frac{54}{28} = c \; \frac{27}{14} = d \; 1 + \frac{13}{14}$$

dans laquelle les membres sont numérotés par les lettres a, b, c, d.

L'élève doit, à l'inspection de deux membres successifs, exposer la règle suivie pour passer du premier au second. Ainsi: à l'occasion du membre b, il énonce la règle de la multiplication de deux fractions ; à l'occasion du membre c, il indique la règle de la réduction d'une fraction à une plus simple expression ; pour le membre d, il indique la règle de la conversion d'une fraction plus grande que l'unité en un nombre fractionnaire équivalent ; il indique, en outre, tous les calculs numériques, qui ont dû être effectués pour obtenir les résultats écrits dans les divers membres.

Soit encore un second exemple, pris dans le mode de récitation des règles et principes sur les produits indiqués de plusieurs facteurs, et sur la multiplication ou sur la division successive d'un nombre par plusieurs autres.

La colonne ci-jointe, extraite d'un des tableaux de récitation, présente une série de produits indiqués de plusieurs facteurs, ou des nombres, numérotés a, b, c,... i.

$$\begin{array}{ll} a & 7 \times 4 \times 30 \\ b & 30 \times 4 \times 7 \\ c & 60 \times 4 \times 21 \\ d & 30 \times 4 \times 7 \\ e & 30 \\ f & 30 \times 3 \times 2 \\ g & 60 \times 3 \\ h & 60 \\ i & 60 : 2 : 5 \end{array}$$

L'élève doit exposer, à la seule inspection de deux numéros consécutifs, par quelles opérations on passe du premier au second, et énoncer les principes relatifs aux changements de valeur ou aux simples transformations qui résultent de ces opérations. Ainsi : pour le n° b, il énonce le principe de l'intervertissement des facteurs d'un produit ; pour les n°ˢ c et d, ceux relatifs à la multiplication ou à la division de plusieurs facteurs d'un produit par divers nombres ; pour e et h, celui relatif à la suppression d'un ou de plusieurs facteurs d'un produit ; pour f, le principe de la multiplication successive d'un nombre par deux autres; pour g, celui de la composition de deux facteurs en un seul; pour i, celui de la division successive d'un nombre par deux autres.

Je supprime, dans ce court exposé, quelques autres moyens que j'ai dû imaginer, pour réaliser dans tous ses détails cette nouvelle méthode de récitation qui, malgré l'exemple de patience que j'ai donné en la créant, exigera toujours un grand labeur de la part de ceux qui croiraient utile de lui donner plus de développement. Nous ajouterons seulement que chaque exercice est suivi d'exemples de réponses brièvement rédigées, dont l'ensemble peut être considéré comme un véritable cours de langage et d'énonciations mathématiques, qui familiarisent les élèves avec les formes de langage employées par le professeur dans ses expositions, et qui les mettent à même d'écouter ses leçons avec plus de fruit.

En étudiant avec attention le nouveau mode de récitation dont nous rendons compte, on reconnaîtra sans peine qu'il présente plus qu'un simple exercice de mémoire, et que la comparaison attentive qu'un élève doit faire de deux expressions, pour reconnaître en quoi elles diffèrent, et par quelle opération ou règle on passe de l'une à l'autre, est un véritable exercice de l'esprit, propre à développer et même créer, dès nos premières années, l'aptitude mathématique qu'on n'acquiert, dans d'autres méthodes d'enseignement, qu'à la suite de longues études.

Le travail d'esprit qu'exige ce mode de récitation deviendrait trop pénible, si on ne consacrait pas la fin de toutes les classes aux exercices plus mécaniques sur planchette et sur ardoise. Il est d'ailleurs facile de voir que l'habitude des calculs, que donnent les seuls exercices simultanés, est nécessaire pour satisfaire à des récitations dans lesquelles il faut reconnaître, par une sorte de calcul mental, la nature des transformations qui ont été opérées, pour obtenir plusieurs expressions données.

Indépendamment des tableaux de récitation distribués aux élèves, et qui leur permettent de répondre de leur *place*, sans dérangement, et par conséquent sans perdre le temps inutilement employé, dans les méthodes ordinaires, à se rendre au tableau du professeur pour revenir ensuite au rang de classe, on a rédigé un formulaire ou simple recueil de règles, qui doit être étudié en classe pendant le temps très-court que le professeur laisse aux élèves pour lire le résumé des enseignements pratiques qui ont fait l'objet de sa leçon.

La classe devient en ce moment une véritable salle d'études surveillée par le professeur, et se transforme bientôt après, en salle d'examens, pendant lesquels les élèves non interrogés peuvent continuer la lecture du formulaire ou écouter les réponses des autres. On est certain que ce temps sera utilement employé; car, le mode d'interrogation dit *continu*, que nous décrirons bientôt, est si rapide, que presque tous les élèves d'une classe de 80 ou 100 élèves peuvent être interrogés tous les jours. L'attente d'un examen inévitable et si rapproché rend sa préparation certaine.

Le formulaire dont je viens de parler diffère des rédactions qu'on trouve dans la plupart des traités élémentaires, en ce que les détails les plus minutieux des règles sont eux-mêmes érigés en plusieurs règles simples, comme moyen de les graver plus profondément dans la mémoire. C'est cette division détaillée des règles qui a fait comparer les rédactions de la Martinière aux minutieux détails du maniement des armes, que présente l'exercice de la charge dite en douze temps.

On a omis, à dessein, dans le recueil des règles, les explications théoriques dont la lecture aurait distrait l'élève des pensées pratiques qu'on voulait faire ressortir. Cette exclusion de toute démonstration n'est cependant qu'apparente. Le professeur a mission d'exposer, de vive voix, et comme au deuxième plan d'un tableau, des idées théoriques simples, qui laissent dans l'esprit des élèves une sorte d'intuition intelligente, propre, malgré ce qu'elle a de vague, à faciliter considérablement le souvenir des règles, et surtout, l'à-propos de leurs applications.

Après avoir expliqué le mode des réponses dites *sur place*, je passe au mode d'interrogation que j'ai appelé *continu*, et qui permet d'interroger en très-peu de temps un grand nombre d'élèves.

Pour comprendre ce système d'interrogation, il faut se rappeler que les questions des tableaux de récitation se divisent presque toutes en différents numéros, désignés par les lettres a, b, c, etc., et donnant lieu chacun à une réponse spéciale de règle ou de calcul. Il faut encore savoir que toutes les tables sont numérotées, ainsi que les élèves, qu'on désigne par les deux numéros de leur table et de leur rang dans la table, l'élève (3, 5), par exemple, étant le 5me de la 3me table.

Cela posé, supposons un examen commencé par le premier élève d'une table; l'élève étant arrivé à la partie de question correspondant au n° C par exemple, le professeur fait continuer la réponse par le premier élève, ou le deuxième, etc., qui le suit, selon qu'il frappe un coup de baguette sur la table ou deux coups, etc. C'est par le même moyen qu'il appelle à la réponse d'autres élèves, à la suite du dernier interrogé. S'il voulait interroger tous les élèves d'une table, au moyen d'autant de signaux d'un seul coup qu'elle contient d'élèves à la suite du premier, et, si les numéros de division de l'exercice se trouvaient épuisés avant les derniers signaux, l'exercice se continuerait par le retour à son premier numéro.

Disons enfin que, dans le cas où l'interrogation commencerait par un élève occupant un des derniers rangs de la table, les mêmes signaux désigneraient ceux qui le précèdent d'un rang, ou de deux rangs, etc.

La faiblesse de voix de quelques élèves, jointe à la timidité de parole, par laquelle ils cherchent à diminuer le retentissement des réponses dont ils ne sont pas bien sûrs, n'a pas permis de faire continuer les interrogations d'une table à une autre. Il faut, pour la transporter à une table quelconque, lorsqu'elle est terminée dans celle qui la précède, recommencer pour la nouvelle table la dictée de l'exercice, ou en dicter un autre de même nature.

C'est par ce moyen si rapide d'examen que l'interrogation parcourt successivement toute la classe, en tenant en éveil tous les élèves par l'ignorance où ils sont de la route, en apparence capricieuse, que lui assigne la volonté du professeur, qui, s'il est habile à maintenir sa classe, trouvera, dans le déplacement si facile des interrogations, un moyen disciplinaire d'ordre et de silence, en transportant l'interrogation à toute table où il apercevrait quelque désordre, ou en interrogeant plus fréquemment les élèves les plus étourdis ou les plus turbulents.

L'adoption des signaux d'appel dans les interrogations a non-seulement pour but de les rendre plus rapides, mais encore d'éviter au professeur la fatigue de voix des appellations continuelles d'élèves. Je n'ignorais pas que les méthodes d'enseignement trop pénibles pour le maître sont tôt ou tard abandonnées, et j'avais d'autant plus de motifs de ménagements que le nouveau mode de récitation, contrairement à ce qui se passe dans les autres écoles, est beaucoup plus pénible pour le maître que pour l'élève. Dans la nouvelle Méthode, le but du professeur qui interroge, n'est pas d'écouter pour punir ensuite l'ignorance ou la paresse, mais de trouver, dans les erreurs des réponses, l'occasion de remettre l'élève dans la bonne voie, en lui rappelant des enseignements déjà donnés et en refaisant incessamment des leçons oubliées. L'élève corrigé n'est pas le seul à profiter de ces utiles réminiscences ; tous ceux qui attendent leur tour d'examen écoutent, et se préparent à mieux répondre, en suivant, leurs tableaux à la main, le redressement de toutes les fautes.

L'interrogation devient ainsi la plus utile des leçons, et l'instituteur devient la lumière qui éclaire l'écolier dans les ténèbres, ou le guide qui le prend par la main dans les chemins difficiles.

Témoin tous les jours des utiles résultats de ma Méthode, ne m'est-il pas permis d'espérer que tous les yeux s'ouvriront, et qu'on arrivera enfin à comprendre que nos premières années n'avaient besoin, pour se prêter à leur initiation dans les aridités mathématiques, que d'un peu d'assistance, qu'il était impossible de leur donner par les anciennes méthodes d'enseignement ?

CHAPITRE V.

Enseignement géométrique dans la Méthode Tabareau.

On croira peut-être difficilement aux hésitations d'idées qui m'ont longtemps arrêté dans la création d'une méthode d'enseignement complètement pratique de la géométrie. Tout semblait trouvé et terminé, depuis que le grand géomètre Legendre n'avait pas dédaigné de faciliter les études classiques, par un traité de géométrie qui présente le plus admirable ensemble de propositions et de théorèmes, enchaînés avec la plus rigoureuse logique.

Mais ce livre, comme tous ceux faits à son imitation, ne remplissait pas le but que je m'étais proposé, et n'avait pas d'ailleurs été conçu en vue des jeunes élèves des classes inférieures. Dans la plupart des traités, les démonstrations des théorèmes sont le but principal, et on attachait si peu d'importance à leurs énoncés isolés de toute démonstration, qu'il n'existait même pas de formules interrogatives pour en demander la récitation. Ces énoncés cependant suffisent à l'expression complète des vérités géométriques, et c'est à l'application de ces vérités, faite par des praticiens qui ne savaient pas les démontrer, que presque tous les arts sont redevables de leurs progrès.

A propos des exigences si absolues de quelques théoriciens, je demanderai aux professeurs des lettres des classes élémentaires, si, à l'occasion de leurs utiles enseignements, ils ne font pas naître, dans l'esprit des enfants qui leur sont confiés, des idées morales et littéraires qui les préparent à recevoir plus tard un enseignement plus étendu, malgré l'impossibilité de démontrer ces idées dans le jeune âge, par les considérations philosophiques sur lesquelles elles s'appuient. En exagérant le principe vrai de l'utilité des démonstrations, au point d'en faire un principe absolu et exclusif, on arriverait jusqu'à supprimer la grammaire et la syntaxe dans les écoles primaires, parce qu'elles dérivent du génie philosophique des langues, qu'on ne peut exposer à de simples enfants. On a eu raison de ne pas y consentir, et notre résistance nous a permis d'apprendre à parler et à écrire, dès nos premières années.

Ce qu'on a fait pour les lettres seules, à une époque où elles étaient seules nécessaires, je demande qu'on le fasse aujourd'hui pour les sciences qui, elles aussi, sont devenues une nécessité et que, de même qu'on avait institué des classes élémentaires de lettres, on fonde aujourd'hui des classes élémentaires de sciences.

Le principe que j'ai adopté pour désigner, sans les énoncer entièrement, les théorèmes géométriques dont les énoncés complets doivent faire l'objet des réponses des élèves, a consisté à indiquer les seules données des théorèmes, en laissant aux élèves à y ajouter eux-mêmes les conclusions, lorsqu'ils donnent en réponses leurs énonciations complètes.

On demande, en géométrie plane, par exemple, le théorème relatif à deux triangles ayant deux côtés égaux chacun à chacun, et tels que l'angle que comprennent ces côtés dans un des triangles soit plus grand que celui compris entre les mêmes côtés du second. Dans la géométrie dans l'espace, on demanderait, par exemple, le théorème relatif à l'intersection de deux plans perpendiculaires à un troisième. L'élève, ainsi interrogé, doit répondre par les énoncés complets et connus des théorèmes ainsi désignés.

J'ai pu créer ainsi un cours d'énoncés de théorèmes, auquel j'ai donné plus de valeur, en joignant aux tableaux questionnaires des figures, auxquelles les élèves doivent faire l'application des propriétés indiquées par les théorèmes. L'application à ces figures des propriétés géométriques faisant l'objet des propositions est d'une extrême importance, pour obtenir la preuve que les réponses des élèves ne résultent pas de la seule mémoire des mots, mais bien de la mémoire des choses, et que le sens exact d'un théorème a été nettement saisi.

Ce cours d'énoncés, tel que nous venons de le décrire, n'aurait produit que des résultats insuffisants, et aurait peut-être même été inintelligible pour quelques élèves, si, par d'autres moyens, on ne les avait familiarisés d'avance avec le langage géométrique, en les douant en même temps d'une faculté qu'on pourrait appeler le coup d'œil géométrique.

Voici les moyens employés pour obtenir ces deux nouveaux éléments de succès, et disons d'abord qu'un formulaire de géométrie et les explications du professeur exposent toutes les définitions et leurs applications à des figures. Viennent ensuite des tableaux d'exercices simultanés de constructions géométriques, dont chaque numéro contient trois cadres représentant en petit le cadre d'une planchette. Dans l'intérieur de chacun d'eux sont tracés des points, des lignes, des triangles ou autres figures, orientés différemment pour différencier les constructions à faire par les trois séries d'élèves. Chaque élève commence par tracer graphiquement sur sa planchette, et sur une plus grande échelle, les figures dictées à sa série et, à mesure qu'il lit les détails de construction exposés dans une rédaction commune aux trois séries, il doit, en interprétant exactement le sens des rédactions, dessiner le plus nettement possible, quoique à main levée, les constructions indiquées et rédigées en langage géométrique.

Les premiers essais de dessin sont d'abord informes, soit parce que les élèves n'ont pas encore été suffisamment exercés à interpréter le sens des rédactions, soit qu'ils n'aient pas encore acquis le sentiment des positions relatives des lignes, de leur égalité ou de leur rapport de grandeur, ainsi que du rapport de grandeur des angles. Mais bientôt, à la suite des corrections et des exemples de dessin faits par le professeur à son tableau, et des explications qu'il donne sur le sens à attribuer aux rédactions, tout se perfectionne, et les élèves finissent par se familiariser avec le langage géométrique, en même temps qu'ils acquièrent ce que nous avons déjà appelé le sens de la vue géométrique.

Les constructions graphiques données en exercices étant

celles qui servent dans les traités théoriques à démontrer les théorèmes, on comprend la facilité qu'auront à suivre des cours théoriques des élèves ainsi préparés, connaissant tous les théorèmes, familiarisés avec les constructions qui servent à les démontrer, et avec les formes du langage mathématique.

L'efficacité de cette préparation à des études théoriques est d'autant plus certaine, qu'il nous est arrivé fréquemment de donner, comme sujet de composition, une démonstration de théorème à faire, et que nous avons été surpris du grand nombre d'élèves qui, sans aucune prétention au génie des Euclide et des Archimède, nous ont satisfait par des réponses très-logiques.

D'autres moyens sont employés pour exercer les élèves à bien voir dans l'espace les points, les lignes, les plans, les surfaces et les corps solides, représentés sur le papier par la perspective conventionnelle des figures en usage dans les traités de géométrie, ou par leurs projections en géométrie descriptive. Nous avons, à cet effet, imaginé un petit appareil, dit des projections ou des constructions dans l'espace, qui se compose : d'une petite boîte en fer-blanc remplie de cire ramollie par de la térébenthine ou du suif, de quelques broches ou fils de fer, et de petits plans en tôle. La boîte a 11 centimètres de longueur sur 9 de largeur et une profondeur de 16 millimètres. On prend, pour base des solides géométriques, ou pour plan horizontal de projection, le plan formé par la surface supérieure de la cire, et on y pique les broches et les plans en tôle, pour représenter les lignes et plans dans l'espace, en prenant, en outre, dans le cas des constructions de géométrie descriptive, le rebord le plus long de la boîte pour ligne de terre, et un plan de tôle piqué au dessus pour plan vertical de projection.

Chaque élève a devant lui un de ces appareils très-peu coûteux, et c'est un spectacle curieux et plein d'intérêt que de voir tous ces jeunes ouvriers construire dans l'espace les lignes et plans des figures qui leur sont dictées.

Cet exercice, si bien en harmonie avec le besoin d'activité de leur âge, a de l'attrait pour eux et les amuse. Mais, en même temps qu'ils s'amusent : ils apprennent à bien voir dans l'espace, ils arrivent à classer au rang des axiomes les théorèmes du cinquième livre de la géométrie de Legendre, et à se faire l'idée la plus exacte des corps représentés sur le papier par leurs projections.

CHAPITRE VI.

Quelques essais d'enseignements théoriques d'Arithmétique, d'Algèbre et de Géométrie, faits à la Martinière.

La pensée créatrice de la Martinière a été de fonder une grande école primaire, où le fils de l'ouvrier pût acquérir les connaissances de sciences appliquées qui, en même temps qu'elles ennoblissent les professions manuelles, élèvent souvent ceux qui les pratiquent au rang des hommes les plus utiles au pays. Cette pensée rencontra d'abord beaucoup de contradicteurs, même parmi ceux dont les lumières et l'expérience nous avaient sagement guidés jusqu'alors. Ils disaient : que le temps manquerait pour cette œuvre, parce que les apprentissages manuels sont longs, et qu'il faut les commencer, dès que le développement des forces physiques permet d'en supporter les fatigues. Ils disaient encore qu'obligés de ne pas retarder l'époque des apprentissages, nous ne pourrions appeler à l'étude des sciences que de trop jeunes enfants. Peu initiés dans les nouveaux besoins de l'industrie, ils ajoutaient que la force et l'adresse, que développent les seuls exercices corporels, suffisent au travail des manufactures. — Ils craignaient, enfin, que trop d'instruction ne fît dédaigner des occupations qui leur semblaient étrangères à tout intérêt intellectuel, et concluaient que la tentative imprudente de la Martinière resterait vaine.

L'académie des sciences, belles-lettres et arts de Lyon, investie par le testament du major-général Martin du droit et de l'honneur de poser les bases fondamentales du plan des études de la Martinière, a su éviter les écueils qui lui étaient signalés.

Elle a maintenu l'enfant du peuple dans les habitudes simples de sa laborieuse famille, en posant le principe de l'externat, et excluant tout internat qui aurait pu amollir, par des soins trop attentifs et des sollicitudes exagérées, les rudes éducations qui préparent aux labeurs de l'industrie. — Elle n'a pas retardé l'époque des apprentissages, et, confiante dans la précocité de l'intelligence, elle a donné à la jeunesse l'occasion de révéler, elle-même, tout ce qu'elle peut acquérir de connaissances, lorsqu'on l'assiste dans ses premières études, et qu'on sait les concilier avec le besoin d'activité, peut-être trop contrarié dans les méthodes ordinaires.

Ce retour aux premiers temps de la fondation de la Martinière était nécessaire, pour expliquer les grands efforts qu'avaient à faire les administrateurs de cette école, dans le but de réaliser les vues élevées de l'Académie, et ceux que j'avais à faire moi-même pour les seconder dans leur mission.

Après avoir fondé les méthodes d'enseignement pratique, je devais tenter d'initier, dans les théories mathématiques qui développent plus directement l'intelligence, des élèves, dont l'instruction doit irrévocablement se terminer à leur entrée en apprentissage. Fidèle au principe d'assistance intellectuelle qui m'avait permis de faire accepter, par des écoliers encore enfants, les aridités des pratiques mathématiques, j'ai dû imaginer une sorte de communauté de travail entre le professeur et les élèves, pour continuer à les aider dans les essais plus difficiles de théorie auxquels je les appelais.

J'ai rédigé, à cet effet, des tableaux questionnaires d'après le mode continu, et qui, en regard des numéros interrogatifs, contiennent des notes que j'appelle *auxiliaires*, se composant de tous les calculs que l'élève aurait à faire au tableau du professeur, s'il y était appelé pour exposer une démonstration. Ces calculs facilitent les réponses, en rappelant, par l'ordre qu'on y a suivi, la série des raisonnements qui les enchaînent, et que l'élève a la tâche d'exposer. L'interrogation ne porte alors que sur le rétablissement des liaisons d'idées, omises à dessein dans les calculs auxiliaires, et elle devient ainsi plus spécialement théorique que les interrogations des écoles, où l'élève perd un temps précieux à faire lui-même les calculs nécessités par la démonstration. Nous ajoutons que, tous les calculs accessoires d'une démonstration étant numérotés, le professeur peut faire telle question de détail qu'il veut sur les raisonnements à faire pour passer de chacun d'eux au suivant, et leur appliquer facilement le mode rapide et fructueux des interrogations continues.

On voit que l'intervention du professeur dans les exercices théoriques est à chaque instant nécessaire, pour rappeler à chaque instant des raisonnements oubliés ou mal compris. C'est la seule fréquence de ces réminiscences continuelles qui explique comment les élèves finissent par acquérir l'aptitude, sinon l'habitude familière, de la partie logique des mathématiques. Disons enfin que, dans le cas des démonstrations de géométrie, on ajoute aux numéros des tableaux questionnaires des figures contenant toutes les constructions à faire, pour démontrer les théorèmes, et dont les détails peuvent devenir l'objet des interrogations continues.

Je termine l'exposé de ce nouveau mode d'enseignement théorique approprié au jeune âge, en disant que l'épreuve qu'on en fait en ce moment a déjà donné d'heureux résultats, qui deviendront encore meilleurs, lorsqu'une plus longue expérience aura appris tout le parti qu'on peut tirer des interrogations par le mode des notes *auxiliares*.

CHAPITRE VII.

Enseignement de la Chimie.

Je ne parle de l'enseignement de la chimie que parce qu'il a été pour moi l'occasion première des classes d'exercices simultanés, dont j'ai fait plus tard l'application à l'enseignement mathématique.

Avant la fondation de la Martinière, et dès l'année 1824, époque où j'abandonnai la carrière militaire pour me livrer au professorat, l'esprit encore frappé de l'empire que les formes du commandement donnent aux officiers sur les soldats, il me sembla que des manœuvres intellectuelles, commandées et immédiatement vérifiées, seraient une heureuse innovation à introduire dans l'enseignement. Les manipulations de chimie, surtout, me parurent devoir se prêter facilement à des manœuvres d'ensemble, et j'en fis immédiatement l'essai dans les cours particuliers que j'avais fondés à Lyon.

Je me souviens encore de l'intérêt de curiosité et de surprise, avec lequel fut accueilli ce nouveau mode d'enseignement, lorsqu'on vit, pour la première fois, plus de 50 jeunes manipulateurs, répartis deux par deux sur des tables de travail servant de laboratoire, exécuter à mon commandement les opérations les plus variées de la chimie.

Les moyens employés, pour donner à ces exercices la régularité et l'ensemble des manœuvres militaires, étaient simples : les laboratoires tabulaires étaient garnis d'appareils uniformes, faciles à monter, et propres à mettre en évidence les phénomènes faisant l'objet des leçons ; des poids égaux des matières employées étaient distribués, et des lampes à esprit de vin, dont la chaleur était graduée par une ou deux toiles métalliques, permettaient à tous les manipulateurs de conduire les opérations avec une parfaite uniformité. Des commandements de détail prescrivaient l'introduction des matières dans les vases, le montage des appareils et l'application de la chaleur des lampes. Les explications théoriques données par le professeur étaient alors écoutées avec application et recueillement par des élèves qui, appelés à jouer un rôle actif dans la leçon, y apportaient l'attention que nous n'accordons pleine et entière qu'aux seuls actes qui nous sont personnels.

Cette méthode avait surtout l'avantage de rendre possible l'apprentissage pratique de la chimie par de jeunes enfants. Leurs mains inexpérimentées y sont toujours guidées, et la vigilance intelligente du professeur, qui commande, surveille et voit tous les mouvements, écarte les dangers que présenteraient des manipulations individuelles et complètement libres, imprudemment abandonnées à l'irréflexion et à la légèreté du jeune âge. La Commission administraive de l'Ecole la Martinière qui, depuis l'année 1833, dirige cet établissement avec une intelligence si éclairée a bien vite apprécié les avantages de cette méthode, et en a fait la base fondamentale de l'enseignement de la chimie.

Ces exercices simultanés n'étaient cependant qu'un premier pas fait dans la voie nouvelle de l'apprentissage de la chimie par des enfants. Dans cette méthode, rien n'émane directement de l'initiative des élèves; tous leurs mouvements, toutes leurs opérations de détail sont commandées par le professeur qui reste, dès lors, dans l'ignorance de ce qu'ils eussent fait, si on les avait abandonnés à eux-mêmes. C'est pour y remédier que les administrateurs de la Martinière, au nombre desquels je citerai MM. Michel et Guimet, chargés plus spécialement de la direction des cours de chimie, ont ajouté aux manipulations d'ensemble, exécutées simultanément dans une classe, d'autres manipulations qui se font deux fois par mois dans chaque division, et dans lesquelles les élèves agissent avec un peu plus de liberté et d'indépendance, quoique toujours soumis à une surveillance préservatrice de tout danger.

Cette amélioration ne me paraît pas encore suffisante, pas plus que les planchettes dont on se sert pour obtenir des élèves des réponses simultanées, malheureusement trop

42

brèves. Il a fallu tout le dévouement et l'habileté d'hommes aussi distingués que M. Alphonse Dupasquier et mon regrettable collègue de faculté Bineau, pour fonder le cours très-remarquable de chimie qui se fait à la Martinière. Ces deux professeurs eux-mêmes reconnaissaient l'utilité que présenteraient des tableaux questionnaires de chimie analogues à ceux des interrogations continues des cours de mathématiques.

La mort prématurée qui est venue frapper M. Bineau, au moment où il avait entrepris de combler cette lacune, a laissé l'accomplissement de cette œuvre aux professeurs de la faculté des sciences et de l'école centrale lyonnaise qui lui ont succédé.

CHAPITRE VIII

Quelques propositions sur l'essai de la nouvelle méthode dans les écoles secondaires.

Condition d'âge des élèves.

L'incertitude où je suis de l'accueil qui sera fait à quelques idées nouvelles d'enseignement m'empêche d'exposer avec détail des moyens d'essai qui permettraient d'en faire l'épreuve, dans de grands établissements d'instruction secondaire.

Je n'exposerai donc que très-sommairement les principales mesures à prendre, pour réaliser cette tentative dans quelques établissements de l'Etat.

Choix des Professeurs.

Ceux qui auront lu avec attention l'exposé que je viens de faire de la nouvelle méthode, et qui auront été frappés de la vivacité d'action, du mouvement et de l'entrain presque juvénile qui la caractérisent, admettront qu'il faut mettre, à la tête des nouveaux cours pratiques, des hommes actifs et ayant conservé l'ardeur de jeunesse qui, dans un enseignement en action, atteint plus sûrement le but que la maturité de l'âge et de la raison.

Leur conclusion sera : de confier la direction de ces cours à de jeunes maîtres-répétiteurs qui y feraient leur noviciat d'enseignement.

Dispositions matérielles.

Les dispositions matérie lles seront faciles à créer partout, car la méthode de la Martinière peut être comparée à une machine d'enseignement aujourd'hui connue, dont le moteur principal est un professeur actif et intelligent, et dont les éléments mécaniques, mis en mouvement par les élèves, sont : des planchettes, des ardoises, des appareils de constructions géométriques, des tableaux questionnaires, des tableaux d'exercices simultanés, des nombres ordinaux de substitution. Quant à l'effet utile de cette machine, il est tout intellectuel et moral ; c'est : l'aptitude et l'habileté mathématiques : le développement de l'intelligence et de la faculté d'attention ; l'habitude du travail.

Si les tableaux d'exercices de la Martinière ne satisfaisaient pas complètement à toutes les exigences des pro-

44

grammes universitaires, ils pourraient être refondus dans de nouvelles éditions qu'en feraient les professeurs de l'université chargés des cours pratiques ; mais il ne me paraît pas important d'ajouter ou de retrancher quelques propositions à un cours dont le caractère essentiel est de douer les élèves de l'aptitude spéciale qu'ils doivent acquérir, pour recevoir avec plus de fruit, et en moins de temps, l'enseignement théorique réservé pour les classes supérieures.

Partage des heures de travail entre les lettres et les sciences.

Dans le nouvel enseignement sans bifurcation, il y aurait à faire, dans les classes élémentaires, le partage des heures de travail entre l'étude des lettres et celle des sciences. J'avoue mon insuffisance à émettre une opinion sur cette question, la plus difficile à résoudre dans toute réforme d'enseignement, et dont la solution ne doit émaner que des hauts conseillers de l'instruction publique.

Je dirai seulement, comme un fait expérimental utile à connaître, que les élèves de la Martinière acquièrent, après deux années d'études, une instruction mathématique très-satisfaisante, en y consacrant à peine trois heures tous les jours, le dimanche et le jeudi exceptés. Il faudrait moins d'heures de travail scientifique dans d'autres écoles, en répartissant l'enseignement sur un plus grand nombre d'années. Mais il ne paraît pas possible de réduire le travail journalier à moins de deux heures, dans une méthode qui, n'abandonnant jamais l'élève à lui-même et l'assistant dans tous ses efforts, offre l'utile réunion des leçons et de leur étude.

Condition d'âge des élèves appelés à suivre les cours pratiques.

L'âge des élèves qui suivront l'enseignement pratique des mathématiques est suffisamment indiqué par l'attribution de cet enseignement aux classes élémentaires des écoles. — Il est cependant utile d'insister sur les conditions de jeunesse qu'exige la méthode de la Martinière. Née au milieu des enfants, elle se ressent de son origine, et ne possède que des moyens d'action fondés sur la docilité des premières années, ou plutôt sur les habitudes de soumission que donnent les répressions si fréquemment employées, pour contenir tous les écarts de l'étourderie ou de la dissipation.

Il serait impossible de diriger militairement des élèves d'un âge plus avancé, au moyen de commandements brefs, impérieux, imposant le travail avec toute l'énergie des codes militaires. Disons plus : indépendamment du refus de leur âge à se soumettre à une discipline aussi sévère, la nature des enseignements supérieurs ne pourrait être appropriée aux exigences de la méthode. Tout (exercices, règles, démonstrations) est prévu d'avance et invariablement fixé dans les tableaux de la Martinière. Les professeurs des classes élevées perdraient donc toute initiative dans le choix des moyens de démonstration ; leur parole, aujourd'hui inspirée par les idées personnelles qu'il leur est permis d'exposer du haut de leurs chaires, serait déshéritée de tout ce qu'il y a de conviction et d'incisif dans la manifestation de nos propres pensées. Les élèves, aussi, seraient privés d'initiative, et, tandis qu'ils apportent aujourd'hui dans leurs études mathématiques l'indépendance de leurs propres réflexions, ils n'auraient plus les avantages de l'émancipation intellectuelle qui, dans les dernières années de l'enseignement, les prépare à l'émancipation plus complète de pensée et d'action qui les attend à la sortie des écoles.

Gardons-nous de nous laisser entraîner à de semblables exagérations, et sachons éviter les excès qui discréditent les plus saines doctrines.

> « *Est modus in rebus ; sunt certi denique fines*
> « *Quos ultrà citraque nequit consistere rectum.* »

En appelant l'attention publique sur quelques idées d'enseignement qui peuvent devenir utiles, je manquerais à tous les devoirs, si je ne les rapportais à la position qui m'a été faite à l'école la Martinière, et si je ne signalais en même temps les noms respectés de tous ceux qui ont encouragé mes efforts, ou auxquels je suis redevable des moyens d'études et d'épreuves nécessaires à la maturité de toutes les pensées nouvelles.

Le nom du major-général Martin, qui a légué plus de deux millions à sa ville natale, pour la fondation de la Martinière, se présente en première ligne. Il était déjà inscrit au rang le plus élevé des bienfaiteurs du pays.

L'Académie des sciences, belles-lettres et arts de Lyon, qui a complété une grande pensée de bien public, par la désignation du plan d'organisation de la Martinière.

Le docteur Eynard qui a fait à la Martinière la donation de sa fortune.

M. de Lacroix-Laval, ancien maire de Lyon, qui, avant même les délibérations de l'Académie, avait déjà réalisé, dans une institution provisoire, les intentions généreuses du fondateur.

Les administrateurs de la fondation Martin qui, en développant le plan d'études donné par l'Académie, ont fait de la Martinière la plus célèbre école préparatoire des arts et métiers.

M. Monmartin doit recevoir ici l'expression affectueuse de ma gratitude, pour la confiance et l'appui qu'il m'a toujours accordés. Il a de plus acquis des droits réels à la reconnaissance de la cité, en exerçant une intelligente action administrative sur toutes les branches d'instruction d'une école qui lui est redevable d'une partie de ses succès.

Je suis heureux, en terminant, d'avoir à signaler MM. Dumas, Le Verrier, Michel Chevalier, les généraux Poncelet et Morin, qui se sont placés à la tête du mouvement scientifique imprimé à nos écoles, et dont les vues élevées servent de guide à tous ceux qui essaient de marcher dans les voies de progrès qu'ils ont ouvertes.